L'univers est, donc je suis

Le Conseil des Arts du Canada depuis 1957 | The Canada Council for the Arts since 1957

La maison d'édition remercie le Conseil des Arts du Canada et le Conseil des Arts du Manitoba du soutien accordé dans le cadre des subventions globales aux éditeurs.

Photo de la couverture : Michel Grandmaison
Artiste graphiste : Howard Laxson

Données de catalogage avant publication (Canada)

Dumitriu van Saanen, Christine
L'univers est, donc je suis
ISBN 2-921353-58-X
I. Titre.

PS8557.U53 U55 1998 C841'.54 C98-920178-3
PQ3919.2.D835 U55 1998

Dépôt légal : 3e trimestre 1998
Bibliothèque nationale du Canada et Bibliothèque provinciale du Manitoba

Directeur : Annette Saint-Pierre et Georges Damphousse

Christine Dumitriu
van Saanen

L'univers est, donc je suis

Éditions des Plaines
Case postale 123
Saint-Boniface (Manitoba)
R2H 3B4

C'est en profitant d'une nuit étoilée que
le photographe a réalisé la photo qui apparaît
sur la page couverture. Il a braqué son appareil
vers l'Étoile polaire et fait une exposition
d'environ une heure. Dû au mouvement
de la Terre, les étoiles ont laissé des trajectoires
circulaires. Quant au moulin à vent, il a suffi
à Michel Grandmaison d'allumer une forte lampe
plusieurs secondes pour que la structure prenne
sa place dans le décor.

À Mircea et Alexandre

Hédi Bouraoui s'entretient avec Christine Dumitriu van Saanen

Christine, vous avez publié sept recueils de poésie. Voulez-vous bien nous dire comment vous êtes venue à la poésie ?

C. D. v. S. : Je suis venue à la poésie comme à la vie. Par création spontanée. Comme un trait d'union entre le rien et l'existence. Je crois que l'on naît poète, musicien, peintre ou autre, porteur de talent dans les gènes. La profession vient après, par éducation. Je suis devenue géologue, mais la poésie était là, depuis toujours.

Pourquoi avez-vous choisi le genre poétique de préférence à un autre genre ? Et pourquoi avez-vous écrit en français au lieu d'une autre langue ?

C. D. v. S. : Dès mon enfance, j'entendais la musique des paroles dans ma tête. Ayant perdu ma mère à l'âge de trois ans, je la cherchais plus tard dans mes pensées, qui commencèrent à se tourner, presque inconsciemment, du côté de la dualité vie-mort. J'exprimais ma peur et mes angoisses en poésie. À l'âge où l'on chante plutôt l'aurore de l'amour dans les premiers vers de l'adolescence, j'écrivais des poèmes sur les mystères de l'au-delà. Vous me demandez pourquoi j'écris en français. Ma première langue fut le français. Mes années d'école furent en français. Mes premiers poèmes furent en français. J'ai écrit aussi en anglais, allemand et roumain.

Dans votre recueil, *Poèmes pour demain* (Éditions Naaman, 1981), votre premier poème est intitulé « S.O.S. ». Quel sorte d'appel au secours est-ce ? Et pour quel avenir ? Pouvez-vous clarifier la fonction de la poésie dans ces poèmes « pour l'existence », « pour l'ensemble », et « pour le reste » ?

C. D. v. S. : Les trois strophes du poème commencent, dans cet ordre-là, par : « S.O.S., je m'appelle existence et j'ai faim », « S.O.S., je m'appelle existence et j'ai soif », « S.O.S., je m'appelle existence et j'ai mal ». La source de ces appels au secours surgit des profondeurs de l'être. Désir ardent pour que les jours et les nuits deviennent les inventeurs d'un Éden introuvable et serein. Recherche des synthèses universelles. Le mal qui dévore l'humanité devra disparaître des cerveaux sans raison. Vous me demandez pour quel avenir ? Celui qui suit, sans équivoque, la flèche psychologique du temps. L'avenir des enfants de nos enfants, de nos enfants, de nos enfants... Les poèmes du recueil *Poèmes pour demain* appartiennent à trois grandes sphères de pensée. La première est celle de l'existence. Elle contient les facettes de la vie, le dialogue entre nous et le reste, les cycles fermés et ouverts, la spirale des événements, la poésie, la compréhension, etc. La deuxième inclut le perpetuum mobile, vu dans la perspective de sa relativité. Le reste, c'est la sphère des moissons, des vérités, des prières, de l'idéal, des solutions, du cafard...

Dans votre livre, *Le Poème des objets* (Éditions Naaman, 1983), vous vous êtes tournée vers la poésie des objets. Est-ce que ce retour vers les choses et les objets est receleur de poésie ? Et si oui, quelle sorte de poésie ?

C. D. v. S. : Vous constatez que le livre, *Poèmes des objets,* me dirige vers les objets. La poésie dédiée aux objets s'adresse à tout ce qui est matière et nous entoure. Les premiers objets dont je parle sont ceux saturés d'attente. Ils ne quittent pas leur état impénétrable. Ils ont la densité des fjords, mordus par la glace. Ma table fut chêne, ébénier. Les arbres sont nourris par la sève des objets qui n'ont pas encore fleuri. Les objets sont peigne, nourriture, décor. Quand les objets s'éloignent de moi, ils deviennent la Terre avec ses plaques, ses roches et ses failles. Les roches de la terre sont la rage des volcans. Les gisements émergent d'un paléomilieu. Ensuite, à travers le royaume des nombres, rationnels et irrationnels, négatifs et imaginaires, on se voit porté vers la matière de l'univers. On prend connaissance des particules qui reviennent de l'avenir, d'un micromonde, où la géométrie cesse de voir. Plus loin, il y a les grands objets cosmiques : étoiles et galaxies avec leur flux d'énergie, la lumière. Je trouve que la poésie qui jaillit des objets proches et éloignés de nous est tout aussi belle que celle qui chante la vie et l'amour. C'est une poésie fascinante dans sa structure universelle, par la réalité des objets qu'elle sublime.

Du matériel et du solide vous êtes passée à l'abstrait dans votre recueil, *Les Fruits de la pensée* (Éditions des Plaines, 1991). Pouvez-vous nous expliquer ce double passage, l'un thématique du point de vue du fond, et l'autre qui est un changement d'éditeur ?

C. D. v. S. : Le passage vers l'abstrait, dans *Les Fruits de la pensée*, fut la conséquence logique de ma pensée poétique. J'ai écrit sur la quatrième de couverture du livre ce qui suit : « Dans un monde qui subit les conséquences parfois absurdes de sa propre réalité, le seul moyen de résider dans un état d'équilibre c'est de voir éclore des bourgeons de surprise sur l'arbre de la connaissance ». Le recueil a quatre dimensions : l'espace, le temps, la vie et l'humanité. Le chapitre Espace commence par un poème intitulé : *Horloges en porcelaine, mobilité, glaces fondues*. Il parle de l'être à quatre dimensions. Son corps perçoit dans le miroir les axes qui se multiplient. Son cœur se met à sa droite. Le ciel infiltre ses brouillards dans les crevasses des poumons. L'être a acquis une dimension additionnelle. Il est prêt à confronter l'espace universel. Le chapitre sur le temps nous porte, par sauts quantiques, d'une étape franchie vers un monde de prédictions. Spectacles des réalités multiples. Les poèmes sur la vie orientent la trilogie : passé, présent, futur vers le domaine de la pensée qui témoigne de l'importance de l'instant, de la nostalgie des yeux en fleuves. L'humanité est le centre d'un chapitre qui s'adresse aux singes des cités, aux frères et sœurs de l'autre. Des réflexions en marge d'un monde ferment la boucle des *Fruits de la pensée*.

Pour répondre à la deuxième partie de votre question, le passage à un autre éditeur a été motivé par la disparition prématurée d'Antoine Naaman, fondateur des Éditions portant son nom. Je connaissais les Éditions des Plaines. J'ai proposé à Annette Saint-Pierre, fondatrice de cette maison d'édition, le manuscrit, *Fruits de la pensée*, et elle a accepté de le publier. Ce livre m'a remise sur la voie de l'écriture, que j'avais délaissée, après le décès d'Antoine Naaman.

Votre vision poétique semble avoir une amplitude thématique de plus en plus vaste. Vous intitulez le recueil suivant, *Poèmes pour l'univers* (Éditions des Plaines, 1993), et vous écrivez : « Tout se multiplie/à travers des lentilles successives ». Voulez-vous bien préciser le sens et la direction de cette nouvelle démarche poétique ?

C. D. v. S. : En découvrant ce que la cosmologie moderne nous apprend sur l'univers, par la lecture de nombreux livres sur le sujet, j'ai senti le besoin d'apporter un hommage poétique à ce domaine si vaste et encore si peu connu, malgré les spectaculaires découvertes scientifiques de ce siècle. En faisant le chemin à rebours dans le temps, les cosmologues et astrophysiciens nous expliquent aujourd'hui l'évolution de l'univers, depuis le temps, très petit, de Planck

(un millionième de seconde). La question universellement posée, à laquelle toute réponse se trouve être éphémère, est ce qui s'est passé au temps zéro de l'univers. J'ai effleuré ce mystère dans le poème intitulé *Point Zéro* : « L'Univers revient de très loin avec des nids d'étoiles et de vies, diminué jusqu'à la gestation. C'est le prélude au début, soupir d'éternité brisée dans le miroir de l'ubiquité. C'est le courage de l'énergie solitaire pour la manifestation de l'imperfection. C'est peut-être l'impatience de Dieu ». Ensuite viennent les poèmes sur les singularités, l'expansion, la matière, le rayonnement fossile, le décalage vers le rouge des galaxies, le grand attracteur, les trous noirs, les univers parallèles, le déclin de l'univers. La réalité qui se multiplie à travers des lentilles successives est celle des univers parallèles. Les épopées transitoires ressemblent aux mondes de partout. Pour expliquer cette idée, j'aimerais vous donner un exemple concret. Chaque fois que nous faisons un choix entre du thé et du café, le cosmos se divise en deux univers parallèles. Voici comment j'ai exprimé cette idée dans le poème, *Univers parallèles* : « Pour chaque vie, une autre mime l'ombre, pour chaque mort, une autre entend le glas ».

Je pense que jusqu'à ce recueil sur l'univers, votre poésie est caractérisée par une forme classique avec des vers réguliers (alexandrins, décasyllabes, octosyllabes, parfois même des sonnets, quatrains, tercets...), aux rimes régulières (croisées, embrassées, plates...), et que cela va changer dans votre recueil suivant, *Millénaire* (Éditions des Plaines, 1995). Pouvez-vous réfléchir avec nous sur cette conception de la poésie à notre époque ? En quel sens une poésie classique, formellement parlant, peut-elle prendre en charge les problématiques de l'actuel ?

C. D. v. S. : J'ai toujours pensé que la poésie à forme fixe, avec prosodie, est la vraie, car elle sublime la pensée du poète dans un cadre de rigueur et de beauté. Prenez la musique. Elle a certainement évolué depuis que le génie de Bach a produit les fugues et les cantates, qui restent pourtant les plus parfaits exemples d'une musique divinement belle, composée avec harmonies mathématiques. Je ne pouvais me considérer un vrai poète sans écrire des sonnets et des ballades. J'ai utilisé le sonnet pour exprimer des notions appartenant à la science. Je pense avoir écrit le seul sonnet sur l'histogramme, notion du domaine de la statistique. C'était un défi. Dans *Millénaire*, je voulais permettre à la vision poétique de se manifester librement. Cela me convenait. J'ai pu constater le manque de contraintes dans l'exercice de la création littéraire. Le vers libre doit se conformer à d'autres règles. Celles de la condensation ultime de la pensée. J'ai travaillé les poèmes de *Millénaire* en les écrivant des dizaines de fois chacun. *Millénaire* devait vivre dans un cadre nouveau. J'ai traversé les siècles en parlant de Copernic qui a replacé la course des planètes, de Galilée qui a pressenti la Voie lactée. L'histoire me promena des dieux de l'Olympe aux guerres injustes qui font monter le sang dans l'arche des perdus. Je me sentais heureuse comme Ulysse dans mon voyage. Je voyais le clair-obscur de la méditation rembrandtienne, j'entendais au fond du ciel les spirales beethovéniennes, je comprenais le paradigme continu, l'histoire avant et après le Christ, avec ses cristaux d'amertume dans les géodes des élus.

Dans *Sablier* (Éditions des Plaines, 1996), vous semblez aller de plus en plus vers une synthétisation des images de la temporalité et de l'espace. En géologue avertie, que représente pour vous le beau poème : « Pyramides enfilées / Sur des rayons pétrifiés / Vengeance des nombres / Contre toute déviation / Vos rois dévorent l'âme de vos dieux » ?

C. D. v. S. : *Sablier*, c'est l'accueil sur les marches du désert. Les trop nombreux compagnons, prédicateurs, bouffons, cadavres comptent les heures sables. Je parle des algues bleues, du cri de la semence chaude, de la soif des gazelles. Il y a aussi les énigmes, la planète qui marche vers le jour de l'Assomption, la virtualité. Le livre est parti de la nostalgie face à l'écoulement du temps. *Sablier* s'unit au désert qui l'alimente. Désert de la vie qui se passe, des pyramides et des sphinx. Vous citez un vers sur les pyramides. Elles sont les tombes des pharaons, dont l'âme est dévorée par les dieux. Elles sont aussi l'œuvre magistrale des constructeurs qui pouvaient calculer leur position en fonction des étoiles. Je finis le livre par le chapitre, *Plus tard*, où nous nous retrouverons abîmes, mémoire des socles.

Vous avez produit une œuvre poétique importante. Quelle note particulière apporte-t-elle au corpus franco-ontarien ? Ou si vous voulez, comment s'intègre-t-elle dans le concert poétique de notre province ? De notre pays ?

C. D. v. S. : Je trouve votre question pertinente. Mon œuvre appartient au corpus poétique franco-ontarien, comme à celui du Canada français, car je me considère une Canadienne d'expression française, qui réside en Ontario. Je pense apporter à la littérature de notre province et de notre pays une dimension nouvelle, celle du poète-scientifique. J'aimerais citer les mots de notre grand écrivaine, Antonine Maillet, inscrits sur la quatrième de couverture de *Millénaire* : « Le poète-scientifique né des noces de l'Ancien et du Nouveau Monde, capable de contempler la naissance de la Terre d'un « dernier soupir d'étoile » et de s'interroger sur la divinité des fleurs, marche bravement et fièrement vers le prochain millénaire qui le couronnera. Tel est le dessein de Christine Dumitriu van Saanen. »

Pouvez-vous nous faire part de vos réflexions sur ce sujet d'actualité : quel serait, d'après vous, le rôle et la fonction de la poésie à ce tournant du siècle ?

C. D. v. S. : La poésie est avenir. Elle n'a pas de frontières temporelles. Son rôle est de faire le lien entre les époques qu'elle transgresse. Sa fonction pour ce tournant de siècle et de millénaire serait d'imaginer l'inimaginable, de suivre une ligne de pensée révélatrice, dans un contexte où l'être se trouvera plus proche de la compréhension absolue quant à son rôle dans l'évolution de l'univers.

Voulez-vous bien nous faire part de quelques-uns de vos projets poétiques ?

C. D. v. S. : Mon prochain livre, *L'Univers est, donc je*

suis, sortira bientôt aux Éditions des Plaines, Je compte laisser l'inspiration guider les pas de mes projets poétiques futurs.

Quels sont vos souhaits pour l'avenir de la poésie en général – alors que nous savons qu'elle a des difficultés à conquérir un espace rentable, non seulement financier, mais surtout de « droit de cité » – et de la poésie franco-ontarienne, en particulier ?

C. D. v. S. : Je souhaite vivement que la poésie de notre temps et de notre espace, en l'occurrence l'Ontario français d'aujourd'hui, soit honorée et gardée comme un patrimoine littéraire unique pour les générations à venir.

Merci, Christine, d'avoir partagé avec nous votre art poétique et vos réflexions de poète. Nous ne doutons pas que vos réponses apporteront un éclairage important aux lecteurs et aux lectrices qui apprécieront certainement tout ce que vous nous avez dit dans cet entretien de l'amitié.

Le texte de cet entretien a paru dans le numéro 23 de la revue de poésie *ENVOL*, publiée par les Éditions du Vermillon à Ottawa. La direction des Éditions des Plaines remercie la revue *ENVOL* de l'avoir autorisée à le reproduire.

Prologue

L'univers est l'une de ces choses
qui apparaissent de temps en temps.

Mon passage du rien
vers le tout
fut inattendu comme une chance.

Le retour vers le rien
sera lisse
comme la disparition
d'une certitude.

Il y a très longtemps...

L'univers se blottit en moi il y a très longtemps,
peut-être quinze milliards d'années.
L'avènement de mon sang, de mes os,
de mon oxygène,
des étoiles pures, fut simple.
J'appris à compter l'univers,
succession de nombres dans la bouche
de l'innocence.
Un électron défait son prochain, à signe
et valeur égale.
L'antiélectron ou positron n'existe que pour
se défendre
contre la banalité des standards.

Premières gouttes d'univers.
De fréquentes rencontres.
Des bombardements mineurs.
Les forts annihilent les faibles.
Âme de ciel plus âme de ciel égale
liberté d'expansion.
Est-ce que le début se place avant ou après la fin ?
Fixer des limites,
c'est mesurer l'intuition sur l'échelle de la rigueur.
Commencement sans commencement.
Volonté de remplir un vide précurseur de plein.
Le bleu est noir et le noir bouge.
Des années-lumière voyagent de l'avenir
vers le passé.
es secondes sont nées des trois premières secondes.
L'orgueil de la naissance du temps,
du temps qui arrive.
Car il y a aussi d'autres valeurs temporelles.
Ailleurs, le temps est né plusieurs fois.
Sa matérialité échappe aux horloges de l'esprit.

L'espace, né avec le temps, est tissé de cordes,
de supercordes, repliées sur elles-mêmes.
Pluie de noyaux sur le chevet de la croissance
permanente.
Des millions de degrés se perdent
dans l'étourdissement des chaleurs.
On prend le pouls des corps inertes.
Des rayons s'allument à leur mort lointaine.

L'accouchement des ensembles se fait partout
où les photons dansent au printemps des masses.
Une cellule de lumière évoque
la probabilité de ma naissance.
Des tranches d'univers se livrent à la rondeur
des surfaces.
Les noyaux unis colorent la maturité du chaos.

J'habite ces premières douleurs.

Le Mur de Planck

Évasion de la pensée
au-delà de la grande unification des forces,
au-delà du premier milliardième de milliardième
de seconde.
Le mur de Planck.
Là où s'arrêtent les connaissances à rebours.
Le vide était rempli d'impatience et de symétrie.
Tremblement du hasard.
Volonté de repartir à zéro.

Grandeur de l'infini après décadence de l'infini.
L'énergie fossile attend le signe du feu,
l'explosion des chaleurs au Temps Zéro de l'univers.
Les croyances s'ambitionnent pour créer un dieu
chimère.
Il s'est marqué de temps.
Le jeu a porté son écho très loin de son image.

Le Big Bang

Naissance aléatoire.
Départ d'une minuscule création
vers l'inimaginable immensité universelle.
Au moment du Big Bang, l'univers, une singularité,
est censé avoir des dimensions sousatomiques.
Il est infiniment chaud.
Une seconde après ce triomphe de volonté,
la température devait être tombée
à environ dix mille millions de degrés.
C'est mille fois la chaleur du Soleil.
Les habitants de l'univers primaire sont
les particules d'énergie : les photons ; de matière
naissante : les électrons, les protons,
les neutrons et les neutrinos ;
d'antimatière : les anti-particules en lutte
contre la matière.

La température continue à chuter.
Les paires électrons/anti-électrons
entrent en collision
et s'annihilent mutuellement
pour produire des photons.
Seulement quelques électrons subsistent.
Les neutrinos pourraient constituer un aspect
d'une masse cachée,
avec une attraction gravitationnelle suffisante
pour arrêter l'expansion de l'univers
et causer de nouveau son effondrement.
À environ cent secondes après le Big Bang,
la température chute à un milliard de degrés,
le centre d'une étoile chaude.

L'univers caresse ses premiers noyaux.
Protons et neutrons n'ont plus
suffisamment d'énergie
pour échapper à l'attraction nucléaire forte.
Ils se combinent entre eux et produisent
les noyaux d'hydrogène
avec un proton et un neutron.
Les minutes passent.
Naissent ensuite les noyaux d'hélium
avec deux protons et deux neutrons.
Plus tard, ceux du lithium et béryllium.
Premiers coeurs à pulser le flux continu
et permanent du temps
dans les veines d'une étrange évolution spatiale.

Explosion.
Somnolence.
Vertige.
Amnésie des valeurs.
Les calculs se font rapidement.
Le dénouement est instantané.
Les prétextes suivent.
L'objet se déclare créé
par l'avènement des forces.

J'appartiens à cette misère.

Rayonnement fossile

La preuve de l'existence du Big Bang,
c'est le rayonnement de photons,
issu des stades primitifs très chauds de l'univers,
qui est encore là aujourd'hui,
à une température de -273 degrés Celsius.
Je le vois.
C'est le rayonnement du fond de mon ciel,
sourire de l'univers enfant, de milliards d'années.

Il fut prédit par Gamow
et détecté par Penzias et Wilson.
Lumière fossile qui remonte dans le temps
jusqu'à la première seconde après le Big Bang.
La magie de ces palpitations
dure quelques milliers d'années.
L'univers continue à se dilater
sans que rien ne se produise.
La température continue à chuter
à quelques milliers de degrés.
Les électrons et les noyaux
n'ont plus assez d'énergie
pour annuler l'attraction électromagnétique
entre eux-mêmes.
Ils se combinent pour former des atomes.
Dans certains endroits,
l'attraction gravitationnelle devient plus forte.

Des matières sont soumises à une légère rotation.
Elles deviennent de plus en plus petites.
Elles tournent de plus en plus vite.
Elles tournent sur elles-mêmes
suffisamment vite
pour contrebalancer la gravité.
Ainsi naissent les étoiles et les galaxies
qui tournent sur elles-mêmes.
L'univers devient lourd de temps, d'espace
et de matière.

Ma réalité s'ajoute
à la somme des lourdeurs.
Je tourne avec les masses
qui me précèdent
et me succèdent.
Mon poids vit l'agonie
de cette perpétuelle liberté.

Et matière se fit

Bouillon primordial.
Des particules se réveillent.
Elles portent des auras d'électricité positive
et s'appellent protons,
ou des auras neutres
et s'appellent neutrons.
Le jeu part des marées célestes, sans lunes.
Protons et neutrons sont composés,
chacun, de trois particules indivisibles, les quarks.
Drôles de trio, alliances de type « up » et « down ».
Deux quarks « up », un « down » forment le proton.
Deux « down », un « up », le neutron.
Fondements de la matière, liés par
des forces nucléaires,
ces particules constituent le noyau,
centre stimulateur de phénomènes plus complexes.

Pour des centaines de milliers d'années,
l'enfance de l'univers se consume
dans le silence de l'aube créatrice,
à l'ombre d'une chaleur qui pâlit.

Je reviens de quinze milliards d'années.
Les noyaux de mon corps émergent
des puissances nucléaires primordiales.
À cinq cents millions d'années,
ils me pensent et m'acceptent.

La température chute à 3 000 degrés.
Les électrons,
particules à aura négative,
dansent sur des orbites
autour des noyaux lourds et légers.
De l'ensemble, surgissent des éclairs.
L'univers se remplit d'atomes.
La transparence éclate
dans les yeux de ma nuit éclairée
de pointes de lumière,
librement transmises d'étape en étape.

Expansion

Selon Hubble,
l'univers n'est pas statique.
Touché d'expansion,
il se meut vers son accomplissement.
La force gravitationnelle,
contraire à l'expansion,
l'oblige à se replier sur lui-même.

Je fais partie des émotions de ce paradoxe.
Si l'expansion est plus grande
que l'attrait des masses,
l'univers suit sa destinée mobile.
Si la force gravitationnelle triomphe de l'expansion,
le déclin commence dans la contraction.
Un jour,
l'apothéose de sa marche sera atteinte.

L'expansion finira par succomber
à l'attraction universelle.
Des dizaines de milliards d'années
auront vu passer la jeunesse
d'une force de croissance,
avant que la diminution ne prenne le pouvoir.

L'univers n'a pas de centre

J'ai l'impression d'être le centre de mon image,
corrigée par la descente.
Le monde est le centre corrigé par l'infini.
L'univers n'a pas de centre.
Il est le même dans toutes les directions,
vu de tous les amas qui s'écartent.
Il est le ballon à taches peintes sur sa surface.
On le gonfle :
les taches s'éloignent les unes par rapport
aux autres.

Le décalage des galaxies vers le rouge grandit
avec la distance qui les sépare.
Aucune vérité n'est centrale par rapport
à sa pertinence.
Les rayons ne se frôlent jamais.

Je cherche les racines des lumières.
Elles traversent l'illusion.
Leur gloire est duale.
Nulle part, elles sont le centre.
Partout, elles sont ailleurs.

Forces

L'univers des particules
s'impatiente de son état transitoire.
Il amorce des lois d'attrait
qui facilitent l'agrégation des matières.
Les forces installent l'ordre
au niveau du silence.

La force gravitationnelle est universelle.
Newton a su
qu'elle affectait chaque particule, chaque corps,
en fonction de sa masse et de son énergie.
Le rayon d'action de sa faiblesse est très grand.
Toujours attractive,
elle se manifeste
par l'échange de gravitons entre deux corps.

Guidée par l'impulsion d'un vide à combler,
les masses s'enrichissent.
L'attraction continue à démolir un espace
qui se voulait maître de lui-même.
Les petits et les grands corps
s'offrent le luxe de la force gravitationnelle,
pour s'assurer que l'univers
bénéficie d'une population astrale,
témoignant de son début et de sa fin.
Mon corps imite la pomme qui tombe.
Je ne reviens pas encore du futur.

La force électromagnétique
est beaucoup plus grande
que la force gravitationnelle.
La force entre deux charges du même signe,
positif ou négatif,
est répulsive,
celle entre deux charges,
de signes contraires,
est attractive.
L'équilibre des atomes,
générateurs de mondes,
vient de l'attraction électromagnétique
entre les électrons et les protons des noyaux.
Chaque fois que les électrons
sautent d'une orbite plus éloignée à l'autre,
plus près du noyau,
j'entends la musique du flux d'énergie
qui se dégage.
Ce sont les photons de la lumière visible
ou invisible.
Ils viennent à leur tour heurter d'autres atomes.
La blessure mord.
L'électron saute d'une orbite plus proche du noyau
vers une orbite plus éloignée.
L'énergie est absorbée.
La lumière se tait.

La force nucléaire faible,
responsable de la radioactivité,
agit sur les photons et les gravitons.
Elle s'unit avec la force électromagnétique.
L'explosion a lieu à l'intérieur de la réalité.

Une partie de moi-même se fend.

La quatrième force,
c'est la force nucléaire forte.
Elle retient les quarks ensemble
dans le proton et le neutron
et les protons et neutrons ensemble
dans le noyau.
Mes atomes sont stables.
Les trajectoires des électrons
n'interfèrent pas avec la puissance des noyaux.
La désintégration des matières
se produit dans les circonstances de la mort,
qui libère le corps de particules superflues.

Au début de l'univers,
les forces étaient unies.
La Théorie de la Grande Unification « GUT ».
L'absolu régnait.
L'attraction était répulsion.
L'énergie des infinités à venir
battait déjà dans le coeur des forces unifiées.
Les vallées et montagnes de ma peur
s'installèrent plus tard
dans l'amplitude de la méconnaissance.
Je contemplai l'harmonie brisée des secondes
vouées à la continuation.

Flèches du temps

Le vieillissement commence dans l'anticipation.
L'univers se marque de temps
pour comprendre les mécanismes de transition.
D'une mobilité à l'autre,
la flèche cosmologique
dirige la phase d'expansion vers celle de réduction.
Entre les singularités de naissance et de disparition,
le cosmos sphère se dilate et se contracte.
Pulsation, prélude d'un nouvel inconnu.

J'ai passé quatre-vingt-cinq milliards d'années
avant d'avoir conscience
d'une fin enceinte d'autres univers.

Flèche de l'inexorable passage vers nous-mêmes.
De la psychologie des racines déterrées.
Vie de vie vers mort de vie.
Une agréable sensation de mortalité
rafraîchit le visage de la douleur irrévocable.
Altération de l'épiderme.
Le ciel reflète l'écho d'un désir absurde :
ne pas mourir.

Flèche des systèmes ordonnés
par la main du désordre.
Tout s'en va vers le chaos,
l'entropie maximale,
la folie de l'eau bouillante.
L'ordre est réservé au froid.
Deuxième loi d'une physique inventée.
L'univers a commencé petit et sans raison.
Des forces le poussent.
Il franchit des seuils d'austérité,
de rigueur mathématique.
Les plus petites valeurs de Planck
sont là pour le guider dans la chaleur perdue,
dans la transparence retrouvée,
après un million d'années d'existence turbulente.
Flèche thermodynamique.

Les trois flèches du temps
s'orientent selon les désirs d'une magie cosmique.
Aucune rime
ne lie le vieillissement,
le désordre et la fin de l'univers connu.

Je tomberai miette de crépuscule
au festin des incertitudes.
Balayée sur le tapis du trou noir.

Là,
où mon âge s'égare.
Là,
où ma place se retire.

Les dimensions de l'espace

L'espace est né avec le temps.
Ses origines sont incertaines, son évolution rapide.
Il enlace les grands corps, qui le courbent.
Amalgamé avec le temps, il peut acquérir
plusieurs dimensions.
L'espace de ma vie a trois dimensions.
L'espace-temps d'Einstein a quatre dimensions.
Kaluza et Klein ont unifié l'électromagnétisme
et la gravitation pour obtenir l'espace à cinq
dimensions.
Ensuite,
c'est le monde des quanta et des forces,
de la supergravité
et la supersymétrie.

La rotation des particules, ou spin,
va de -2 à +2, avec des valeurs de 0,5.
Les transformations se font en huit étapes.
D'où l'espace à huit dimensions.
Il y a enfin le modèle à onze dimensions,
dont quatre pour l'espace-temps
et sept autres pour accommoder
toutes les forces de la nature et leurs champs.

Où se cachent-elles,
aujourd'hui,
les onze dimensions de l'espace ?
Je ne perçois que le symbole des valeurs.
Ce sont les cordes,
les supercordes,
boucles d'espace,
minutieusement cachées
dans les plis de l'univers.
Les points sont remplacés
par des cercles
et les cercles forment
des cordes cylindriques,
ayant un diamètre
de plusieurs millionièmes de centimètres.
Les boucles sont des sphères à sept dimensions.
Comment puis-je me retrouver
dans cette structure multidimensionnelle,
où flottent des tissus universels
plus étranges que ceux qu'invente l'imagination ?

Relativité

Si un corps se meut en ligne droite
dans l'espace à trois dimensions,
son ombre aura une trajectoire courbe
dans l'espace à deux dimensions.
L'univers d'Einstein
a quatre dimensions :
trois, l'espace, et la quatrième, le temps.
Un mouvement rectiligne dans l'espace-temps
devient courbe dans l'espace à trois dimensions.
Pour Einstein,
rien ne peut se mouvoir plus vite
que la lumière.
Relativité Restreinte.

J'existe dans l'espace-temps.
Les rayons des étoiles
qui passent près de notre Soleil
sont légèrement déviés par sa masse.
Vues de la Terre,
les étoiles ne se situent pas au bon endroit.
L'espace-temps se courbe
autour des grands corps.
La force gravitationnelle
est la conséquence
de la courbure de l'espace-temps.
Relativité Générale.

L'espace-temps est courbe
par la distribution
de masse et d'énergie qu'il contient.
Des corps comme la Terre
suivent une trajectoire rectiligne
dans un espace courbe,
la géodésique.
En Relativité Générale,
les corps suivent des lignes droites
dans un espace-temps à quatre dimensions.

Je subis les conséquences
du dynamisme universel.
La musique des lignes courbées
par l'espace-temps
fait vibrer les ensembles galactiques.
L'espace-temps s'incline
devant les grands corps.
Ils s'épanouissent dans ses bras.

Mes sphères vibrent à l'écho
de l'humanité figée.
Les brumes n'ont pas laissé de traces
dans le noyau des pensées.
Les aurores ont tourné
comme le reste des objets sans poids.
Les fugues et les cantates de mon coeur
habitent le royaume de la gravitation.
Leur ombre est le dieu des quatre dimensions.
L'espace-temps.

Étoiles

L'univers a un nombre infini d'étoiles.
Elles brillent de leurs vies,
elles brillent avec leurs morts.
L'étoile est née de nuages, comme un ange,
sans contraintes.
Les atomes du nuage d'hydrogène
s'effondrent sur eux-mêmes
à cause de l'attraction gravitationnelle.
Ils se heurtent et se font mal
à des vitesses de plus en plus grandes.
Leur chaleur monte jusqu'au point où ils s'uniront
pour former des atomes d'hélium.

Réaction d'enfer,
source de miséricorde et de brillance.
La chaleur additionnelle
augmente également la pression du gaz
et gagne la lutte contre l'attraction gravitationnelle.
Le gaz cesse alors de se contracter.
Les étoiles gardent longtemps cette stabilité.

La jeunesse des étoiles est bleue,
leur maturité jaune
et leur vieillesse rouge.
Leurs réactions nucléaires
brûlent tout l'hydrogène et autres carburants.
De façon paradoxale, plus une étoile est massive,
plus vite elle brûlera.
Et plus elle sera chaude,
plus vite elle consommera ses ressources.

Une fois qu'une étoile a tout brûlé,
elle commence à se refroidir et à se contracter.
Ensuite, elle se réchauffe
et commence à convertir l'hélium en éléments lourds
comme le carbone et l'oxygène.
C'est la naissance des éléments de mon corps.

L'étoile
a produit l'essence de la vie.
Fatiguée,
elle s'effondre dans un état très dense,
l'étoile de neutrons, ou encore plus dense,
le trou noir.
Ces régions extérieures explosent.
C'est la supernova,
plus brillante que le reflet du paradis.
De ces incandescences cosmiques
naissent d'autres étoiles,
de seconde ou de troisième génération,
comme le Soleil,
qui est là depuis cinq milliards d'années
et me bercera encore
cinq milliards d'années, peut-être.

J'enlace des étoiles éteintes.
Elles contemplent leur réflexion de vie
sur l'horizon de la mort.

Galaxies

Galaxies,
coquillages jetés sur les plages de l'univers,
une main les a caressées et
elles ont pris la fuite circulaire autour d'elles-mêmes.
Elliptiques ou sous forme de spirales,
elles constituent des ensembles
de centaines de milliards d'étoiles.
L'univers, à son tour,
compte des centaines de milliards de galaxies.
Elles deviennent solitaires,
mais ne s'éteignent pas avant leur lumière.

Hubble démontra l'existence d'autres galaxies
en dehors de la Voie Lactée,
dans laquelle, parmi des centaines de milliards d'étoiles,
est situé notre Soleil.
Il calcula les distances pour neuf autres galaxies,
étudia leur spectre
et définit leur décalage vers le rouge.
C'était la preuve que les galaxies
s'éloignaient les unes des autres.
En réalité,
c'était la découverte d'un univers en expansion.
Aujourd'hui,
calculs et observations
démontrent l'immensité de l'ensemble des galaxies
dans l'univers.
Mes yeux reflètent la lumière de leurs déboires.

Lumière

Des flots lumineux
dispersent les frayeurs de la tourmente.
Maxwell a trouvé que la lumière
se propageait par ondes,
comme l'électromagnétisme.
La brillance des corps célestes
demandait à s'épanouir.
On inventa l'éther,
complice du vide,
auréole de la Terre,
en marche orbitale autour du Soleil.
Différents observateurs,
en mouvement par rapport à l'éther,
auraient dû percevoir la lumière
avec des vitesses différentes.

Plus tard,
Michelson et Morley
constatèrent que la lumière arrivait sur Terre
avec la même vitesse
dans toutes les directions
de son mouvement.

Einstein
comprit que l'éther
n'existait pas
et que le temps n'était pas absolu.
De n'importe qu'elle source universelle,
la lumière arrive toujours
avec la même vitesse sur Terre.
Il formula
cette fameuse relation d'équivalence
entre l'énergie et la masse,
$E=mc^2$, où E est l'énergie,
m, la masse et c, la vitesse constante
de la lumière.

Planck
découvrit que la lumière,
comme toute forme de radiation,
était composée de paquets,
les quanta.
Onde et quantum
se partagent l'honneur
de former la lumière.

Je reçois
la bénédiction ondulatoire
du Soleil.
Énergie
sur la divinité des sphinx.

Trous noirs

Trous noirs,
pas aussi noirs
que l'imprévisible.
Ils ajoutent des masses manquantes
aux espaces saturés
en passions éteintes.
Projection du non-sens
sur la rétine des années-lumière.
Passage cylindrique
entre deux mondes probables.
L'étoile a brûlé son état d'âme.

D'un univers à l'autre,
la traversée du trou noir.
Une entité similaire
commence instantanément son chemin parallèle
à l'extérieur de la perception.
Quand le choix se fait,
les deux réalités se transforment
en fonction d'onde qui se dédouble.
Chaque décision
engendre la naissance d'un univers parallèle,
dans lequel une forme de vie ou autre
est définie par des coordonnées spatio-temporelles
non-mesurables.

Si deux trous noirs s'unissaient,
un troisième régnerait dans l'univers.
Son horizon
serait la somme des frontières
de ses composantes.
« Le phénomène de non-décroissance n'existe pas »,
dit Hawking.
Le rayonnement du trou noir
vient de sa frontière,
du vide qui l'entoure,
et qui n'est pas aussi vide,
car le seuil du silence
est parsemé de lumières.

La prophétie du trou noir,
c'est le naufrage des étoiles.
Mon sommeil devient profond.
C'est la fin de l'espace-temps.
Cathédrale engloutie
dans la perpétuité.

La sphéricité des trous noirs

La sphéricité des trous noirs
prouve qu'ils ne pouvaient se former
qu'à partir de l'effondrement d'objets
également sphériques,
conséquence de la Relativité Générale,
constate Israël.
Toute étoile réelle
qui n'est pas en rotation
devrait être parfaitement sphérique.

Au moment
de l'effondrement d'une étoile,
des mouvements rapides,
engendrant des ondes gravitationnelles,
pourraient la rendre beaucoup plus sphérique,
jusqu'au moment où elle s'installerait
dans un état stationnaire.
Selon Penrose et Wheeler,
toute étoile qui ne serait pas en rotation,
pourrait terminer sa vie
avec un effondrement gravitationnel
en trou noir
parfaitement sphérique.
Sa taille dépendrait de la masse de l'étoile mère.

Si ma croyance
avait la forme des masses négatives,
elle sortirait comme un dinosaure galactique
dessous les enveloppes sphériques
de Schwarzschild
pour prendre part
à l'expansion des probabilités.

Je poursuis le chemin des sphères.
Elles s'évadent.
Splendeur,
en rotation permanente.
Leur chant prolifère les oscillations de la nuit.
Le froid m'enlace toujours.

Incertitude

Le sort des particules,
leur situation future se déterminent
de leur position et vitesse actuelles.
On les éclaire d'une lumière
à longueur d'onde courte.
Mais il suffit d'un quantum de lumière
pour déranger les particules,
leur modifier la vitesse.
Pourquoi veut-on pénétrer
le monde nébuleux de l'atome ?
Celui-ci est un fantôme qui construit la matière
dans l'absence de l'observation.
La position
et le mouvement
sont deux aspects mutuellement incompatibles
de la réalité des particules.

Selon le principe d'incertitude
de Heisenberg
on ne peut connaître leur position
et mesurer leur vitesse
en même temps.
Mais de quel droit pouvons-nous affirmer
que la particule est un objet ?
Tout ce qui se passe
a une raison d'être
et ne se passe pas
parce qu'on l'observe.

Le mouvement de mes atomes
a lieu dans mon absence.
Les lumières disparues brillent toujours.
L'incertitude forge les mesures du monde.
Toute apparition est incertaine.
L'incertitude cause l'apparition.

Le chat de Schrödinger

Voici la triste histoire
du chat de Schrödinger.
Il fut mis dans une boîte noire.
Un gaz toxique,
le cyanogène,
fut introduit dans la boîte.
La probabilité
que l'animal survive cette expérience
était de un sur deux.

Le paradoxe
commence
au moment où l'on pense
à la situation chat vivant/chat mort.
Sans observation,
cette situation se perpétue.
Le chat vit avec son cadavre,
parfaite dualité possible
dans un monde existant
en dehors de notre connaissance.
Parfaite dualité possible
dans le monde des quanta.

Les photons, particules d'énergie,
se comportent comme les ondes.
Les électrons, particules de matière,
se comportent eux aussi comme des ondes.
Dualité onde/particule, chat mort/chat vivant,
matière/énergie.

Personne ne saura
ce qui se passa dans la boîte noire.
Je prends ce chat
sous la paupière de ma tendresse,
dans son état transitoire,
comme tout être marqué de fragilité.

Mes espoirs
atteignent une version duale de l'univers
non palpable.
Je me désagrège dans la configuration,
ultime songe d'une matière trop peu cohérente.
Avec le chat de Schrödinger,
a commencé la vision quantique,
probabiliste,
éphémère, du monde.
J'aime ce chat de la pensée binaire.
Il porte dans ses gènes d'autres univers,
plus inconnus encore
que celui auquel on pense appartenir.

Création sans création

Création sans création.
La mécanique des quanta
s'applique à un mini-univers, celui des particules.
Les lois qui régissent les atomes
et les particules sous-atomiques n'ont aucun pouvoir
dans un macro-monde.
La singularité univers, infiniment petite,
issue de fluctuations aléatoires
dans le vide,
aura été soumise aux principes
de la physique des quanta.

La même incertitude aura touché cette singularité,
au destin marqué par l'infini.
Pour elle,
la relation cause-effet aura cessé d'exister.
La création
devint l'oeuvre du hasard.
Les systèmes déterministes échouèrent
devant l'imprévisible monde des quanta.

Einstein s'est trompé.
Dieu joua aux dés
au Temps Zéro de l'univers.

Entropie

Second principe de la Thermodynamique.
L'entropie d'un système isolé
augmente toujours.
L'entropie de deux systèmes combinés
est supérieure
à la somme de leurs entropies individuelles.

L'univers devrait finir
dans le désordre.
Les grandes perturbations s'acheminent
vers le déclin de la raison.
L'entropie de l'univers augmente.

La somme des trous noirs
est un trou noir.
Plus parfait
que le reste des singularités.
Divinité des monstres
de l'absurde.

Des cerveaux éclatent
au rythme des patiences.
Hypothèses éclairées
par l'entropie.
Distance entre les rêves
jusqu'à la limite du réel.

Je suis désordre.

L'Ensemble

Des matières tournent
pour s'inventer sphère,
statue d'éternité.
Un volume de vie égale un volume de néant
comblé de virtualité.
Le corps ne revient que dans son corps,
après avoir compris sa limitation.
Son identité est autre que celle du similaire,
même si du tout jaillit la ressemblance.
Des petits univers ambulatoires
assurent l'intégralité
de l'ensemble.

Des matières infinitésimales
marchent
à travers mes habitudes.
Combien de vides y a-t-il entre les consistances ?
J'ouvre l'oeil de la raison pure.
Un instant de sommeil
ferme la boucle
d'une matière en dévolution.

Des gouttes de rayons tombent
sur les soleils
à naître.
Je cueille
les photons hagards
pour un ciel ailleurs.

Électrons, positrons, photons,
bosons, nucléons, protons, neutrons, fermions, nucléons,
hadrons, mésons, gluons, quarks et anti-quarks virtuels,
ancêtres des énergies réintégrées,
fermentés dans les grands colisionneurs,
tenus en laisse par les forces fortes,
faibles, électromagnétiques, détectés, générés, stabilisés,
mutés et transmutés, constructeurs, destructeurs,
mesurés dans leur fuite sans poids,
architectes d'émancipations physiques glorifiées
par l'évolution,
tisserands de substances rebelles,
enfermées par la volonté des nombres,
larmes d'univers en route vers son déclin,
pierres fondamentales des églises asymétriques,
gloires muettes, vainqueurs d'anti-matière,
triomphe des fluctuations aléatoires,
mutations premières et ultimes,
paternité, fraternité, deus ex-machina,
circulant de l'avenir vers le passé,
du passé vers l'avenir,
d'atome en molécule, d'élément en élément,
particules de ma transcendance,
méditations du flux céleste
en permanente expansion.

Les matières se fuient.
La dérive ajoute l'infranchissable au supplice de socles.
Le tremblement des soleils mourants
déplace les failles des ténèbres.
Circonvolutions d'éclipses égarées,
multipliées par le carré des distances,
dans le cerveau des saisons futures:
Le deuil délimite l'écoulement de l'ensemble.

Chaos

Presque tous les systèmes dynamiques
sont soumis aux lois du chaos.
La connaissance des conditions initiales
n'empêche pas leur évolution
d'être imprévisible.
Dans un système chaotique,
les erreurs au`gmentent
de façon exponentielle
par rapport au temps.
Il y a un aspect créateur dans le chaos.
Des générations spontanées de formes
et de structures y naissent.
Le déterminisme ne résout pas l'énigme des apparitions
dépourvues de causalité.
L'univers n'est pas un système
à comportement totalement prévisible.
L'ordre est parallèle à l'état du chaos.
Ils ne se rencontrent jamais.
Paradoxe de la première alternative.

Le chaos
m'offre la liberté
d'explorer au-delà des formes fixes.
Je me prépare
à la non-limitation.
Ma présence
est aléatoire
par rapport à l'oubli
qui l'achève
de près ou de loin.

Les modèles de Friedmann

Friedmann imagina des scénarios
pour le spectacle de l'univers.
Possibles modèles d'évolution.

Premier modèle de Friedmann,
celui d'un univers
qui s'étend suffisamment lentement
pour que l'attraction gravitationnelle
ralentisse l'expansion
jusqu'au point où elle s'arrête.
Les galaxies se rapprochent.
L'univers se contracte.
La fin mime le début.

Deuxième modèle,
une expansion galopante.
L'attraction gravitationnelle n'a plus de force.
Elle ralentit un peu les masses,
mais l'arrêt se dissout.
Les galaxies s'éloignent toujours
à vitesse constante.
L'univers est en permanente expansion.
La fin se raconte à elle-même.

Troisième modèle.
L'univers s'étend
assez vite
pour éviter l'implosion.
Les galaxies se séparent
à une vitesse décroissante,
mais qui ne s'annule jamais.
La fin ne se devine pas.

Lequel des trois modèles est le vrai ?
Pour le savoir,
il faudrait connaître la densité de l'univers.
La somme de toutes les masses des galaxies
est beaucoup plus petite
que celle nécessaire à combattre l'expansion.
Le modèle d'un univers,
à faible expansion,
est le plus plausible.
Pourtant,
il y a aussi les masses cachées des trous noirs,
des neutrinos et autres, qui s'ajoutent.
Si la phase contractuelle de l'univers devait commencer,
ce ne serait pas avant dix milliards d'années.

La fin se racontera plus tard.
On saisit le début.
Il y a eu un instant dans le passé,
quand la distance entre les galaxies
était nulle,
quand la densité de l'univers
et la courbure de l'espace-temps
étaient infinies.

Un point,
la singularité,
où tout était dehors et tout était dedans.
Un trou blanc duquel tout ce qui sort ne rentre plus.
La créature quitta son étonnement.
Analyse combinatoire.

Je suis l'effet sans cause.
Un dieu s'est amusé
à ronger la cause de sa création.

Anti-gravité

La croyance en un univers statique a persisté
jusqu'au début du XXe siècle.
Einstein formula sa fameuse théorie
de la Relativité générale, en 1915,
avec la conviction
que l'univers était statique.
Pour rester fidèle à ce principe,
il introduisit une constante cosmologique
dans ses équations.
C'était la force d'anti-gravité,
née exclusivement de la tendance
de s'étendre de l'espace-temps.
En contrebalançant l'attraction de la matière
dans l'univers,
elle le rendait statique.

Aujourd'hui,
le décalage vers le rouge du spectre des galaxies
révèle une expansion,
dont la vitesse d'accélération
détruit l'effet de la force gravitationnelle.
L'anti-gravité serait-elle plus forte qu'imaginée ?
Est-ce le début d'une contraction cosmique
reportée vers une époque établie d'avance
par les lois des univers successifs ?

Ma réalité
est le reflet de celle qui s'accomplit.
Simulation dérivée du futur.
Mon ombre laisse au temps
le choix de son passage.

Principes anthropiques

Selon le principe anthropique faible,
dans un univers infini,
les conditions nécessaires
au développement de la vie intelligente
ne se rencontreront
que dans certaines régions limitées
dans l'espace et dans le temps.
Le futur influence le passé.

Il a fallu environ
quinze milliards d'années
aux êtres intelligents
pour évoluer des étoiles primitives.
Celles-ci ont dû convertir
une partie de l'hydrogène et de l'hélium originaux,
en éléments
tels que le carbone et l'oxygène
dont nous sommes faits.
Elles ont dû exploser en supernovae,
pour que leurs débris
forment d'autres étoiles
et des planètes.
Les derniers trois milliards d'années
ont servi au processus d'évolution biologique
qui a permis ma transition
du plus simple des organismes
à l'être
qui remonte le temps
jusqu'à la singularité.

Conformément
au principe anthropique fort,
il y a
soit beaucoup d'univers différents,
soit de nombreuses régions différentes
dans un seul univers.
Ce n'est que dans quelques univers
comme le nôtre
que les organismes ont pu exister.
S'il avait été différent,
je ne serais pas là
pour le contempler.

L'univers
a voulu être observé,
pour s'expliquer.
Il est né dans l'avenir.
Je suis née dans le passé.

L'intégrale des chemins

La théorie quantique est formulée
par Feynmann
en termes d'intégrale des chemins.
Une particule n'a pas une seule trajectoire,
mais elle suit toutes les trajectoires possibles
de l'espace-temps.
La probabilité qu'une particule
passe par certains points
s'obtient en additionnant les ondes associées
avec toutes les trajectoires possibles
qui passent par eux.
Si on considère l'intégrale des chemins
du point de vue d'Einstein,
la trajectoire d'une particule
devient un espace-temps courbe complet,
la trajectoire de l'univers tout entier.

Si notre univers
suit l'intégrale de trajectoires probables,
d'autres univers suivent l'intégrale
d'autres trajectoires possibles.

Mes particules
suivent la somme des routes promises.
Elles portent le don de la création
vers des futurs sans réplique.
Elles miment la courbure de l'ordre.
L'aube sème la sagesse du temps
dans le cerveau de l'après.

La fluctuation dans le vide

Le vide,
comme tout système physique
est sujet aux incertitudes quantiques.
Tout peut y arriver.
La théorie quantique décrit la naissance
des particules sous-atomiques
par fluctuations aléatoires dans le vide.
Tryon
considère que l'univers est né
comme une fluctuation dans le vide,
essentiellement de rien.
Toute l'énergie positive des masses dans l'univers
est contrebalancée
par une quantité similaire d'énergie négative,
celle du champ gravitationnel.

L'univers
est l'une de ces choses
qui apparaissent de temps en temps,
comme un voeu de propagation d'énergie positive.
Les masses de tous les univers défunts
sont l'engrais
d'un champ plus fertile
que l'imagination d'une naissance.

Mon passage du rien vers le tout
fut inattendu comme une chance.
Le retour vers le rien sera lisse
comme la disparition d'une certitude.

Sans bord

Dans la théorie classique de la gravitation,
l'univers existe soit depuis un temps infini,
soit avec un commencement,
une singularité à un moment donné dans le passé.

Dans la théorie quantique de la gravitation
il existe une troisième possibilité.
L'espace-temps peut être fini en expansion,
n'ayant aucune singularité ou frontière.
Selon Hawking,
l'espace-temps serait comme la surface de la Terre,
finie en expansion et sans bord.

D'un pôle à l'autre, des apothéoses successives.
Création finie, mais sans frontière.
Hawking a dit :
« La condition aux limites de l'univers est qu'il n'a pas de limites ».
La mort n'est limitée que par sa naissance.
La mort de la mort n'a pas de limites.
Dans son expansion, elle est sans bord.
Embryon saturé de ténèbres futures
dans le ventre d'une conception infinie.

Les rides de l'univers

Visualisé à large échelle,
l'univers semble remarquablement lisse.
Cette uniformité
ressort des mesures de hautes précisions
prises sur le rayonnement de fond de ciel,
qui a une température constante.
Du point de vue de la théorie inflationnaire,
l'uniformité de large échelle
est une conséquence naturelle
de l'évolution de l'univers.
Celui-ci aurait émergé d'une région beaucoup plus petite
que celle que l'on croyait avant,
aux dimensions sous-microscopiques.
Sous l'effet de l'inflation,
la gemmule initiale aurait dépassé dans le temps
les dimensions de l'univers observé.

Triomphe d'une volonté cosmique
sur les frontières de la non-éternité.

Arrêté sur le détail,
le regard découvre
une matière distribuée d'une manière compliquée,
avec des irrégularités.
Les rides de l'univers.

Notre système solaire
se trouve dans la galaxie de la Voie Lactée.
La densité du disque galactique
est de cent millions plus grande
que la moyenne cosmique.

La Voie Lactée
appartient à un comglomérat de vingt galaxies,
le Groupe Local.
Ce groupe,
ayant une densité moyenne
deux cents fois plus grande que la moyenne cosmique,
est dominé par la Voie Lactée
et sa soeur, Andromède,
située à deux millions et demi d'années-lumière
de distance.
La matière entourant le Groupe Local forme
également des amas,
dont le plus large est celui de Virgo,
une agrégation contenant deux cents galaxies.
On a découvert aussi le Grand Mur,
un géant amas de galaxies
qui s'étend sur cinq cents millions d'années-lumière
à travers le ciel.

Je glisse à travers une texture granulaire.
Des vides contournés
par des bouquets de galaxies m'enlacent.
L'uniformité est illusoire.
L'immensité se multiplie
à des vitesses croissantes.
J'accepte l'énigme des petits et grands inconnus
qui bougent en moi-même.
Des murs stellaires séparent l'ordre de l'émancipation.
Fragmentation d'épaves.
Éclosion d'énergie.
Pluralité de l'Éden.

Quantons

Quantons.
Entités de type nouveau.
La notion de trajectoire
ou de localisation spatiale
n'a plus de sens
dans un ensemble de quantons identiques.
Leurs dessins particuliers se dissolvent.
Le système collectif
remplace l'état défini à chaque quanton
par celui d'un ensemble de formes identiques.

Il y a deux types de quantons :
les fermions et les bosons.
Les fermions obéissent au principe
de l'exclusion de Pauli.
On ne les trouve jamais
dans le même état physique.
Ce sont les électrons et les nucléons.

Je suis le fermion solitaire
qui poursuit son but
sans trajectoire.
De l'autre côté du moi,
le berger rassemble ses bosons.
Ce sont les photons de lumière.
Ils marchent
ensemble
comme un troupeau de volonté.

L'univers inflationnaire

L'expansion de l'univers
aurait eu une phase inflationnaire.
Durant cette phase,
en une minuscule fraction de seconde,
l'univers
aurait augmenté sa taille
de milliers de milliards,
de milliards, de milliards de fois, selon Guth.

Dans l'univers très chaud
et plutôt chaotique,
les particules se seraient mues
très rapidement.
Leurs énergies auraient été très hautes.
La symétrie entre les forces aurait été brisée.
L'attraction gravitationnelle
aurait cessé d'actionner sur les masses.

L'impatience régnait.
L'énergie totale de l'univers
devenait égale à zéro.
Une accélération
projetait le tumulte
vers des avenirs connus d'avance.

La phase inflationnaire
a dû s'éteindre il y a très longtemps.
L'univers de mes jours suit lentement
une autre destinée.

Le faux vide

Au commencement
fut la bulle de faux vide,
entouré du vrai vide.
Les forces intérieures
du faux vide
agirent sur l'extérieur.
La bulle grandit vite
et se détacha du vrai vide.
La bulle
devint naissance.
Un bébé-univers naquit.

S'il était créé
dans un laboratoire
par un dieu auto-inventé,
il mettrait en mouvement
son inflation sans durée.
Je m'accrocherais alors à son éternité
pour compter les milliards d'années
en progression.
Une histoire de perspective exponentielle.
D'autres bébés-univers
franchiront le seuil
de l'évolution inflationnaire.
La bulle de faux vide
devra revenir après le déclin de l'univers
qu'elle enfante,
pour que des générations d'immensités se succèdent,
riches en rayons
et masses manquantes.

Le déclin de l'univers

Flèche thermodynamique inversée.
Décroissance du désordre.
Les morceaux d'un objet brisé
se rassemblent.
Le futur devient passé.
La mort précède la naissance.
Vieillesse avant jeunesse.
C'est la phase contractuelle de l'univers.
L'étoile simule le déclin
jusqu'à l'arrêt de sa lumière.
Ce jeu la précipite dans son effondrement.
L'univers,
dans son déclin,
glisserait lentement vers son état ultime,
le début.

Pour Hawking,
la phase de contraction
n'est pas nécessairement une expansion à l'envers.
La condition « sans bord » de l'univers
impliquerait une croissance du désordre
dans la phase contractuelle.
La vie intelligente
ne pourrait pas se développer
dans un univers qui se contracte.
Les flèches thermodynamique et cosmologique
vont dans la même direction.

Je poursuis l'expansion
de l'univers,
jusqu'à l'aboutissement d'un destin.
Celui de l'espace consommé
par son infinité,
du temps sans courbure.
L'arrêt,
c'est une dissolution.
Le gouffre
se ferme sur la droite espace-temps.
L'univers se fragmente.
Les lois veillent.
Des chiffres imposent leur solution
au déclin d'une phase.
L'énergie s'attaque au chaos.
Un multivers ressuscite de mes cendres.
L'avenir prendra la cadence de l'oeil.
Transgression de matières
sur la plage des contours.
Partout deviendra pupille.
L'oiseau du sommeil
y bâtira son nid de mort.

Je vivrai
le présent
de l'éternité perdue.
Le déclin
jettera l'ancre
au point de non-retour.

La théorie unifiée

Combiner la Mécanique Quantique
et la Relativité Générale
c'est créer la possibilité qu'une théorie unifiée existe,
explique Hawking.
Selon cette théorie,
l'espace et le temps forment ensemble un espace fini,
à quatre dimensions,
sans singularité et sans bord.
Cette théorie expliquerait aussi l'uniformité
à grande échelle de l'univers et les déviations
d'homogénéité
à petite échelle, telles les galaxies, les étoiles,
les êtres humains.

Les vagues de l'océan unifié
pénètrent les fjords de ma pensée.
Elles ouvrent la porte
aux proportions gigantesques.
Aux fugues des insomnies célestes.
Le tout devient la création
de l'immortalité.
Une seule volonté imagine le reste.
J'ai peur de la compréhension absolue.
Elle devra s'habituer aux couleurs du monde
en marche vers sa résurrection.

Le Créateur

En dehors du temps,
il s'est marqué de temps.
Il est le multiple de son identité
et l'identité des multiples.
Il joue aux dés
et choisit un modèle.
Celui d'un univers,
parmi d'autres équations.
Les lois riment avec ses forces.

Dans l'espace,
il s'habite
avec et sans matière.
Fractionné et intégré.
Ses voies sont comblées d'une liberté d'invention.
Elle se propage
à travers les ensembles à devenir.

Si création
égale créateur
et univers égale création,
créateur égale univers.
Né de lui-même,
par lui-même
et pour lui-même.

Je me découvre
dans sa volonté d'agir.
Réponse à la question de l'être.

Épilogue

Embryon bourrasque
L'aube veille sur les statues de glaise
Soleil noirci d'incertitude
Crépuscule transformé en plasma de nuit
Métamorphose du chaos
Jugement des messagers
Des cordes se cachent dans les plis des mesures
Géométrie du silence
Archanges du pouvoir
Des mains volent en signe de rédemption
La loi du vide se répand
Réseau de glace
Énigmes des constantes.
Le chant des sphères sublime l'accouchement
Perles noires sur paupières d' étoiles
Les plus petits hasards couronnent les singularités
Perpétuité du geste

À l'aube du prochain millénaire, je salue les grands maîtres qui ont forgé la vision de l'univers. Ils m'ont fait comprendre l'immensité de l'ignorance. Je leur offre les paroles de mon âme et les instants de mes incertitudes.

Hommage à

cités dans ces pages, et à tant d'autres...

De la même auteure

Chansons
poésie
CLÉ, 1979

Poèmes pour Demain
poésie
Naaman, 1981

Le Poème des Objets
pensées et poésie
Naaman, 1983

Renaissance
théâtre
Naaman, 1985

Les fruits de la pensée
poésie
Plaines, 1991

Poèmes pour l'univers
poésie
Plaines, 1993

Millénaire
poésie
Plaines, 1995

Sablier
poésie
Plaines, 1997

Composition chez Jocelyne Laxson
et imprimerie chez Rinella Printers

Made in United States
Troutdale, OR
11/03/2026

56845263R00049